HUAJIAO
ZAIPEI JISHU

花椒栽培技术

主编◎杨士吉
本册主编◎张永平

云 YUNNAN

南 GAOYUAN

高 原 特 TESE

色 农 业 NONGYE

系 列 XILIE

丛 书 CONGSHU

 云南出版集团

YNKJ 云南科技出版社

·昆明·

图书在版编目（CIP）数据

花椒栽培技术 / 《花椒栽培技术》编委会编 . —— 昆明 : 云南科技出版社 , 2020.7（2023.8 重印）
ISBN 978-7-5587-2861-7

Ⅰ . ①花… Ⅱ . ①花… Ⅲ . ①花椒—栽培技术 Ⅳ . ① S573

中国版本图书馆 CIP 数据核字 (2020) 第 109417 号

花椒栽培技术
《花椒栽培技术》编委会　编

责任编辑：唐坤红
　　　　　洪丽春
助理编辑：曾　芫
　　　　　张　朝
责任校对：张舒园
装帧设计：余仲勋
责任印制：蒋丽芬

书　　号：ISBN 978-7-5587-2861-7
印　　刷：云南灵彩印务包装有限公司印刷
开　　本：889mm×1194mm　1/32
印　　张：3.25
字　　数：82 千字
版　　次：2020 年 7 月第 1 版　　2023 年 8 月第 3 次印刷
定　　价：20.00 元
出版发行：云南出版集团公司　云南科技出版社
地　　址：昆明市环城西路 609 号
网　　址：http://www.ynkjph.com/
电　　话：0871-64190889

编 委 会

主　任　唐飚

副 主 任　李德兴

主　编　张永平

参编人员　古亚明　张　桦　施菊芬

审　定　李德兴

概　述

花椒是芸香科、花椒属落叶小乔木，原产我国。中国花椒分布由北起东北南部，南至五岭北坡，东南至江苏、浙江沿海地带，西南至西藏东南部；台湾、海南及广东不产。见于平原至海拔较高的山地，在青海，见于海拔2500米的坡地，也有栽种。耐旱，喜阳光，各地多栽种。

花椒药食皆宜，是一种经济价值极高的树种。花椒是重要的香料、调料和油料树种，主要经济利用部分是果实，其果皮中各种挥发性芳香物质的含量高达4%~9%，是提炼食用香精的好原料。果皮味麻香，是重要的调味佳品。种子含油量高达25%~30%，可食用或工业用。果实、种子、根、茎、叶均可入药。嫩梢、幼叶清爽可口，可腌食或炒食。

目　录

第七篇　花椒采收

第一篇 花椒概述

一、花椒的经济价值

花椒是一种用途较为广泛，经济价值很高的树种。

（1）花椒果是日常生活中不可缺少的重要调料，也是木本油料树种

籽含油25%～30%，一般出油率为22%～25%。其油味辛辣可作调料食用，也可作工业用油（润滑剂用），掺和油漆是机械和化工原料。油渣含氮2.06%、钾0.7%，可作肥料和饲料，花椒籽用压油机轧，出油率高。农用木质轧油器、出油率低，但油的质量高，香味长，可以炸油饼吃，还可炒菜吃。两种方法在轧油前，籽要新鲜，椒皮要净，人们多用它炒菜。

（2）花椒叶、柄可食用

花椒叶、花椒柄也有香味。

农家常用椒叶做馍吃，蒸凉皮是采一把鲜椒叶，轧碎放在面里，蒸出的凉皮味香；人们做豆酱时，少不了要割些鲜椒枝叶，做出的豆酱色鲜，别有风味。椒

叶椒柄是加工调料面的附料，也可以腌菜。据《齐民要术》记载，"其叶及青摘取，可以为菹，干而末之亦足充事"。意思就是说：花椒叶青摘下，可以腌菜，晾干研成粉也可以供食用。

（3）花椒皮是一种高级调料

具有特殊的麻辣郁香味，果皮每百克含有蛋白质25.7克，脂肪7.1克，碳水化合物35.1克，钙536毫克，磷292毫克，铁4.3毫克，还含有芳香油等，在生活中食用广泛。花椒皮是副食品加工的佐料，能使菜肴味浓鲜美，还能消毒杀菌。家中若悬挂一小包，可净化空气，满屋生香，经久不衰。是腌渍各种酱菜、腊肉、香肠、烧鸡所不可缺少的配料，我国北菜南菜都离不开花椒作调料。云南少数民族居多，尤其喜欢麻辣味，家家离不开花椒。1982年有位四川椒商李玉冒带着妻子，来到乔子玄乡张庄收购花椒，在吃饭中，一碗饭放了足有一两花椒，吃得津津有味，旁边人看到，瞪大眼睛，照这样的吃法，我们的花椒销售就不发愁。你们四川人就是这样吃花椒的？她说到了产地不掏钱，才敢这样吃，在四川才舍不得吃。炒菜炖肉最需要花椒，清蒸鱼放点花椒可去腥味，煮五香豆腐干、茶叶蛋用些花椒味更鲜美，用油

炸点花椒泼在面条上和凉菜上，清爽可口，滋味好。花椒在各种调味品中占有举足轻重的地位。

（4）花椒有药用价值

中医认为：花椒性味辛热，有温肾暖脾，逐寒燥湿、破血通经、补火助阳、杀虫止痒的作用。李时珍在《本草纲目》中记载：花椒，其味辛而麻，其气温而热。入肺散寒，治咳嗽，入脾除湿，治风寒湿痹，水肿泻痢，入右肾补火，治阳衰等寒症。

（5）花椒逐虫

治疗疱病中毒，皮肤疾患，对虫害有麻痹驱逐预防之效果。在衣物箱柜中放点花椒，虫不蛀。花椒颗粒或碾面都行，最好纱布包好放

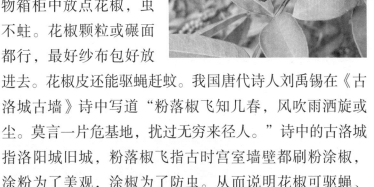

进去。花椒皮还能驱蝇赶蚊。我国唐代诗人刘禹锡在《古洛城古墙》诗中写道"粉落椒飞知几春，风吹雨洒旋或尘。莫言一片危基地，扰过无穷来径人。"诗中的古洛城指洛阳城旧城，粉落椒飞指古时宫室墙壁都刷粉涂椒，涂粉为了美观，涂椒为了防虫。从而说明花椒可驱蝇、赶蚊。

（6）花椒可供人观赏

花椒树木质坚硬、细密、淡黄色，可作手杖、伞柄，如雕刻花、虫、鱼更是美观。它香气浓郁，早春绿叶，晚春盛开。白花合于绿叶之中，引人入胜，秋果累累上枝

头，远远看去，一串串红艳艳的颗粒犹如一朵朵小花，绿叶红果真是好看，清香诱人，也是世界造林绿化的好树种。

二、花椒生物学特性

（一）花椒的个体发育

从种子萌发生长开始形成一个新的个体到其衰老死亡的全过程，称为个体发育。一般情况下，花椒的寿命为40年左右，最多可达到50～80年。在花椒的一生中，
随着年龄的增长，按其生长发育的变化，可分为幼龄期、结果初期、结果盛期和衰老期四个阶段。每个阶段都表现出不同的形态特征和生理特点。同时，各个阶段又都存在着内在的联系。

（二）花椒生长发育规律

1. 花椒芽及其生长发育

花椒芽有叶芽和花芽之分。叶芽可分为营养芽和潜伏芽两种。营养芽发育较好，芽体饱满，翌年春季可萌发形成枝条。潜伏芽只有当受到修剪刺激或进入衰老期后，才可萌发形成较强壮的徒长枝。

花芽实质上是一个混合芽，芽体内既有花器的原始体，又有雏梢的原始体；春季萌发后，先抽生一段新梢

（也叫结果枝），然后在新梢顶端抽生花序，开花结果。

2. 花椒的枝干及其生长发育

花椒的枝条按其特性可分为结果枝、结果母枝、发育枝和徒长枝四种。

结果枝，由混合芽萌发而来。

结果母枝，发育枝或结果枝可在其上形成混合芽并萌发花芽，抽生结果枝。

发育枝，由营养芽萌发而来。

徒长枝，由多年生枝皮内的潜伏芽萌发而成。

结果枝一年中有一次生长高峰，发育枝和徒长枝有两次生长高峰。

3. 花椒的叶及其生长发育

花椒为奇数羽状复叶，每一复叶着生小叶3～13片，多数为5～9片。小叶长椭圆形或卵圆形，先端尖。

叶片生长几乎与新梢生长同时开始，随新梢生长，幼叶开始分离，并逐渐增大加厚，形成固定大小的成叶。

每一枝条上复叶数量的多少，对枝条和果实的生长发育及花芽分化的影响很大。着生三个以上复叶的结果枝，才能保证果穗的发育，并形成良好的混合芽。

4. 花椒的花器与开花结果

（1）花椒花芽分化是开花结果的基础，花芽分化的数量和质量直接影响着第二年花椒的产量。

（2）发育良好的花椒花序，一般长3～5厘米，有50～150个花蕾；花椒树的现蕾期一般开始于4月上旬，终

于4月中旬。

（3）花椒果
实为蓇葖果，无
柄，圆形。果实从
雌花柱头枯萎开始
发育，到果实完全
成熟为止，是果实
成熟发育期。

果实的生长发育，大体可分为以下几期：

①坐果期：雌花授粉6~10天后，子房膨大，形成幼果，直至5月下旬，果实长到一定大小，此阶段持续30天左右。一般坐果率为40%~50%。

②果实膨大期：5月下旬至7月上旬为果实迅速膨大期，生理落果基本停止，果实外形长到最大，此阶段持续40天左右。

③果实速生期：从柱头枯萎脱落开始，果实即进入速生期，果实生长量即达全年总生长量的90%以上。

④缓慢生长期：果实速生期过后，体积增长基本停止，但重量还在增加，此期主要是果皮增厚，种子充实。

⑤着色期：果实的外形生长停止；干物质迅速积累，到后期逐渐着色，果实由

青转黄，至黄红，进而成红色，最后变成深红色。

⑥成熟期：外果皮呈红色或紫红色，痂状突起明显，有光泽，少数果皮开裂，果实完全成熟。

5. 根系结构及其生长

（1）生育时间

土温上升到5~10℃开始活动，一年中具有三次生长高峰，第一次是3月上旬；第二次高峰是5月上旬；第三次高峰是9月下旬。

（2）根系的水平分布

据调查，十五年生的花椒树，水平分布最远的根系达树冠半径五倍的地方，集中分布在半径两倍处。

（3）不同树龄的根系分布

一年生花椒树主根明显，侧根、须根不发达；两年生花椒树，主根生长衰退，侧根发达，并且生长迅速；三、四年生花椒树侧根逐年强大，向水平方向发展很快。

（4）土层厚度对根系及地上部生长的影响

土层厚度达到60厘米以上即可栽植花椒，凡是土壤厚度小于60厘米的，花椒生长不良，树体矮小。

（三）花椒生长发育对环境条件的要求

环境条件对花椒的生长发育有很大影响，花椒本身有其固有的特点，对环境条件也有比较严格的要求。环境条件是指花椒种植地一切环境生态因子的总和，主要包括气候、土壤、地形等。

1. 温度

花椒是喜温不耐寒的树种，气候温和是花椒生长发育的必要条件。在年平均气温8～16℃的地方都有其栽培，但以10～14℃的地方栽培较多。冬季休眠期后，当春季平均气温稳定在6℃以上时，椒芽开始萌动，10℃

左右时发芽抽梢。花期适宜温度为16～18℃。果实生长发育期的适宜温度为20～25℃。

2. 湿度

花椒抗旱性较强，如果年降水量在500毫米以上，且降雨比较均匀，则可基本满足花椒的生长发育和开花结果。但是，由于花椒根系分布浅，难以忍耐严重干旱。在黏质土壤上生长的植株，土壤含水量低于10.4%时，叶片出现轻度萎蔫；低于8.5%时出现重度萎蔫；降至6.4%以下时，会导致植株死亡。

花椒根系不耐水湿，土壤过分湿润，不利于花椒树生长。土壤积水或长期板结，易造成根系因缺氧窒息而使花椒树死亡。花椒生育期降水过分集中，会造成湿度过大，日照不足，导致果实着色不好，也不利于采收和晾晒，影响产品产量和质量。

3. 光照

花椒是比较喜光的作物，生育期内需要较多的热量条件，才能生长良好，成熟充分，得到较高的产量。尤其是七八月份花椒着色成熟期，光照是否充分，是提高花椒品质，增加产量的关键阶段。日照充足，一是指紫外线增多，利于花椒着色；二是指光合产物增多，利于花椒果肉增厚，有利于产量增加。一般以年日照时数不低于1800小时，生长期日照时数不低于1200小时，日照百分率50%～60%最为适宜。实践证明，在开花期，如果光照良好，坐果率明显提高；阴雨、低温则易造成大量落花落果。

4. 土壤

花椒属于浅根性树种。土层过浅，根系不能从深土层吸收水分和养分，往往形成"小老树"，特别是干旱山地，由于水分的亏缺，往往使树

体矮小、早衰。所以，在山地建园时，必须进行整修梯田等水土保持措施，以加厚土层，然后再栽植。

花椒对土壤结构的要求是质地疏松、保水保肥性强和透气良好的沙壤土和中壤土，沙土和黏土则不利于花椒的生长。

5. 地势

花椒多在山地上栽植，但山区地形复杂，地势变化大，气候和土壤条件差异也较大，对花椒生长结实有明显

的影响。山地上应选择地势开阔、背风向阳的阳坡和半阳坡。一般情况下，山脚的坡度小，土层深厚，肥力和水分条件好，适宜栽植。地势越陡，径流量越大，流速越快，冲刷力也越大，从而造成土壤瘠薄，肥力降低，花椒的生长发育也就越差。

三、花椒品种介绍

（一）传统品种

1. 大红袍

别名凤椒、秦椒。树体较高大，树高2～3米，树形紧凑，长势强，叶色深绿肥厚，茎干灰褐色，刺大而稀，常退化，小枝硬，直立深棕色，节间较长。穗

大果大，果穗紧凑，粒数多，每穗有单果30～60粒，多者可达百粒以上。果实近于无柄，处暑后成熟，熟后深红色，晾晒干后色不变，4～4.5千克鲜椒可晒干椒1千克。据椒农经验，立秋采收，2千克毛干椒中有0.8千克纯椒，1.2千克种子；处暑后采收，2千克毛干椒中有1.1千克纯椒，0.9千克种子。大红袍花椒丰产性强，喜肥抗旱，但不耐水湿不耐寒。此品种为云南省主要栽植品种，占栽植量的90%以上。

2. 小红袍（满天星）

树体较矮小，分枝角度较大，树姿开张，树势中庸。新梢绿色，阳面带红色，皮刺小而稀，叶小而薄。穗小、不紧凑、粒小、籽小、果径0.4～0.5厘米左右，红色，8月成熟，香味浓，色鲜红，品质优，制干率较高，约3.5千克鲜椒晒制1千克干椒皮。该品种抗旱力较差，采收期较短。

3. 大花椒（又称油椒）

树势强健，树高2～5米，新梢绿色，刺大而稀，叶片较宽大，卵形，叶色较大红袍浅，叶面光滑。果实较大，果皮厚，9月中旬左右成熟，果熟后红色，干后酱红色，香麻味佳，品质上等。3.5～4千克鲜椒晒制1千克干椒皮。大花椒丰产、稳产性强，喜肥耐湿，抗逆性强。

4. 豆椒（又称白椒）

树高2.5~3米，分枝角度大，树姿开张。新梢绿白色，皮刺基部及顶端扁平，叶片较大，长卵圆形。果实9月下旬至10月中旬成熟，果实成熟前由绿色变为绿白色，果实颗粒大，果柄较长，果皮厚，成熟后淡红色，干后暗红色，品质中等。一般4~6千克鲜果可晒制1千克干椒皮。豆椒抗旱性强，产量高。

5. 竹叶花椒（简称竹叶椒）

半常绿灌木，高1~1.5米，枝具基部扁平、尖端略弯曲的皮刺。小叶3~9片，披针形至卵状长圆形，边缘疏浅齿或近全缘。花序腋生。蓇葖果粒小，表面疣状点明显，成熟后红色至紫红色，花期4~6月，果期7~9月。

（二）新选育良种

1. 狮子头

2005年由陕西省林业技术推广总站与韩城市花椒研究所从大红袍种群中选育成功。树势强健、紧凑，新生枝条粗壮，节间梢短，一年生枝紫绿色，多年生灰褐色。奇数羽状复叶，小叶7～13片，叶片肥厚，纯尖圆形，叶缘上翘，老叶呈凹形。

果梗粗短，果穗紧凑，平均每穗结实50～80粒。果实直径6～6.5毫米，鲜果黄红色，干制后大红色，平均千粒重90克左右，干制比3.6～3.8∶1。

物候期明显滞后，发芽、展叶、显蕾、初花、盛花、果实着色均较一般大红袍推迟10天左右，而成熟期较大红袍晚20～30天。在同等立地条件下，较一般大红袍增产27.5%左右。品质优，可达国家特级花椒等级标准。

2. 无刺椒

2005年由陕西省林业技术推广总站与韩城市花椒研究所从大红袍种群中选育成功。

树势中庸，枝条较软，结果枝易下垂，新生枝灰褐色，多年生浅灰褐色，皮刺随树龄增长逐年减少，盛果期全树基本无刺，奇数羽状复叶，小叶7～11片，叶色深绿，叶面较平整，呈卵状矩圆形。

果柄较长，果穗较松散，每果穗结实50～100粒，最多可达150粒，果粒中等大，直径5.5～6毫米，鲜果浓红色，干制后大红色，鲜果千粒重85克左右，霉花椒比例较大。干制比为4：1。

物候期与大红袍一致。同等立地条件下，较一般大红袍增产25%左右。品质优，可达国家特级花椒等级标准。

3. 南强1号

2005年由陕西省林业技术推广总站与韩城市花椒研究所从大红袍种群中选育成功。

树形紧凑，枝条粗壮，尖削度梢大，新生枝条棕褐色，多年生灰褐色，奇数羽状复叶，小叶9～13片，叶色深绿，卵状长圆形，腺点明显。

果柄较长，果穗较松散，平均每穗结实50～80粒，最多可达120粒，果粒中等大，鲜果浓红色，干制后深红色，直径5.0～6.5毫米，鲜果千粒重80～90克。果实成熟较大红袍晚5～10天。

同等立地条件下，较一般大红袍增产12.5%左右。品质优，可达国家特级花椒等级标准。

第二篇　花椒苗木培育

花椒的繁殖方法有：种子、嫁接、压条、扦插、分株。花椒种子繁殖的优点：速度快、方法简单、产苗量大、省地、省工等优点。

一、实生苗培育

（一）采种

花椒留种用籽，应在向阳处的植株中选择结实色好，隔年结果不严重的，生长势强，无病虫害，品种纯正的中龄树上采集，一般10～15年生为好。8月上、中旬果皮外全部呈深红色，籽皮变为蓝黑色时，即可采收。采收最好在晴天上午进行，采种前要清

除采种用具中的非留种花椒，以防品种混杂。采回后，立即在架上或场上晾晒，以免丧失发芽率。当果皮开裂，种子脱出时除去果皮杂物，再晾干备用。不能装在塑料袋或瓷器内，选用种子，避免强光暴晒，以防灼伤种子而降低种子发芽力，以往育苗失败者，多因种子暴晒或处理不当所致。

生产中鉴定种子发芽力，常用锋利小刀切开种子，如种仁乳白色呈油浸状为好种，若呈乳黄色，说明种子多为受热变质，发芽力必然降低。

（二）种子的贮藏

1. 罐藏法

把阴干后的新鲜种子，放入罐中，加盖，置于干燥、阴凉的室内即可。

2. 牛粪贮藏法

牛粪饼贮藏法是将一份种子拌入三份鲜牛粪中，再加入少量草木灰，拌匀后捏成拳头大的团块，放在背阴通风处即可。

3. 湿沙贮藏法

湿沙贮藏法是将种子阴干后，选排水条件良好之处挖深1米的土坑，坑底铺一层厚6～10厘米的湿沙，竖通风秸草把一束，然后一份种子与两份含水40%～50%的湿沙（以用手能握成团，松手即散开为好）拌匀后贮于沟中，堆至距沟沿16厘米左右时，在上面覆盖湿沙，至与地面平，随后稍做镇压，再填土呈垄状。贮存期间注意检查和翻动种子，以防发霉。经湿沙贮藏的种子，已起到催芽作用，来年春季土壤解冻后种子膨胀裂口时取出及早播种。沙藏时间一般不少于50天。

（三）种子处理

花椒种壳坚硬，外具较厚的油脂蜡质层，不易吸收水分，发芽困难。所以，育苗前必须对种子进行处理，常采用以下几种方法进行催芽处理。

1. 开水烫种法

将种子放入缸或其他容器中，然后倒入种子量2～3倍的开水，快速搅拌2～3分钟后注入凉水，以不烫手为宜，浸泡2～3小时，换清洁凉水继续浸泡1～2日。然后从水中捞出，放温暖处，盖几层湿布，每日用清水淋洗2～3次，3～5日后有白芽突破种皮时即可播种。

2. 碱水浸种法

此法适宜春、秋季播种时使用。将种子放入碱水中浸泡（每5千克水加小苏打50克，加水量以淹没种子为度）2天，除去瘪子，搓洗种皮油脂，捞出后用清水冲净碱液，再拌入沙土或草木灰即可播种。

3. 沙藏催芽法

将种子与3倍的湿沙混合，放阴凉背风、排水良好的坑内，10～15天倒翻一次。播前15～20天移到向阳温暖处堆放，堆高30～40厘米，上面盖塑料薄膜或草席等物，洒水保湿，1～2天倒翻一次，种芽萌动时即可取出播种。

4. 牛粪混合催芽法

在排水畅通处先挖深30余厘米的土坑，将椒籽、牛粪或马粪各一份搅匀后放入坑内，灌透水后踏实，坑上盖3厘米厚的一层湿土，此后以所盖的土不干为宜，温度过高、上面的土层变干后需及时加水，7～8天后即可萌芽下种。

（四）播种时间

1. 秋播

秋播在种子采收后到秋分前进行，这时播种，种子不需要进行处理，且翌年春季出苗早，生长健壮。

2. 春播

春播一般在立春后进行，经过沙藏处理的种子，一般在2月中旬至3月上旬播种，当地表以下10厘米处地温达到8～10℃时为适宜播种期，这时发芽快，出苗整齐，但需随时检查沙藏种子的发芽情况，发现30%以上种子的尖端露白时，要及时播种。

（五）播种方法

苗圃地最好选择有灌溉条件的沙壤土地。在这样的土地上育苗，管理方便，苗木根系发达，地上部发育充实。苗圃地需要注意轮作，已育过花椒苗的土地最好间隔2～3年时间，否则会使苗木发育不良。

苗圃地要先进行耕翻，深度30～40厘米，结合耕翻每亩施入土粪或厩肥5000～6000千克。然后整平作畦，一般畦宽1～1.2米，每畦3～4行。北方一般春季比较干旱，应在播种前充分灌水，播种时，先在畦内开沟，沟深5厘米，将种子均匀地撒在沟内，然后覆土耙平，轻轻镇压，播种后在畦面上覆盖一层秸秆，以利保墒和防止鸟害，在较干旱的情况下，为了有利于保墒，也可以在播种沟加厚覆土2～3厘米，使其成屋脊形，待幼苗将近出土时再扒平，以利幼苗出土。

播种量应根据种子的质量确定，花椒种子一般空秕粒较多，播种量应适当大一些，经过漂洗的种子，每亩播种量40～60千克。

（六）苗期管理

1. 间苗移苗

幼苗长到5～10厘米时，要进行间苗、定苗。苗距要保持10厘米左右，每亩定苗2万株左右，间出的幼苗，可连土移到缺苗的地方，也可移到别的苗床上培育。

2. 中耕除草

当幼苗长到10～15厘米时，要适时拔除杂草，以免与苗木争肥、争水、争光。以后应根据苗圃地杂草生长情况和土壤板结情况，随时进行中耕除草，一般在苗木生长期内应中耕锄草3～4次，使苗圃地保持土壤疏松、无杂草。

3. 施肥

花椒苗出土后，5月中下旬开始迅速生长，6月中下旬进入生长最盛时期，也是需肥水最多的时期。这段时间，要追肥1～2次，每亩施尿素20～25千克或腐熟人粪尿1000千克左右。对生长偏弱的，可于7月上中旬再追一次速效氮肥，追施氮肥不可过晚，否则苗木不能按时落叶，木质化程度差，不利苗木越冬。

4. 灌水

幼苗出土前不宜灌水，否则土壤容易板结，幼苗出土困难。出苗后，根据天气情况和土壤含水量决定是否灌水，一般施肥后最好随即灌一次水，使其尽快发挥肥效，雨水过多的地方，要注意及时排水防涝，避免积水。

二、嫁接苗培育

嫁接繁殖，可以保持母树的优良性状，早结果，早丰产，还可以充分利用野生资源，提高品质，延长树体寿命。

（一）砧木苗的培育

嫁接用的砧木，一般采用花椒实生苗，砧苗的培育同前所述，为使苗木尽快达到嫁接要求的粗度，同时便于嫁接时操作，株行距离应适当大些，一般行距50厘米、株距10厘米，每亩留苗1.3万～1.4万株。

（二）接穗的采集

1. 枝接接穗的采集

枝接接穗应在发芽前20～30天采集。供采穗的母树，应品种纯正、生长健壮，树龄在5～10年生，选择树冠外围发育充实，粗度在0.8～1.2厘米的发育枝，采回以

后，将上部不充实的部分剪去，只留发育充实、髓心小的枝段，同时将皮刺剪去，按品种捆好，在阴凉的地方，挖一米见方的储藏坑，分层用湿沙埋藏，以免发芽或枝条失水，如需长途运输时，可采用新鲜的湿木屑保湿，用塑料薄膜包裹，以防运输途中失水。

2. 芽接接穗的采集

芽接接穗也应在品种优良、生长健壮、无病虫害的盛果期树上选取发育充实、芽子饱满的新梢。接穗采下后，留1厘米左右的叶柄，将复叶剪除，以减少水分的蒸发，并保存于湿毛巾或盛有少量清水的桶内，随用随拿。嫁接时，将芽两侧的皮刺轻轻掰除，使用中部充实饱满的芽子，上部的芽不充实，基部的芽瘦小，均不宜采用。

三、花椒的嫁接

（一）嫁接时期

云南省枝接在2月中下旬，芽接在8月上旬或9月上旬。

（二）嫁接方法

以往由于科学技术的局限。广大椒农对花椒满身长刺、芽眼瘪小总认为不能嫁接。只听其自然生长发育，只顾采收回利不加改造培育，这样一方面致使大红袍这一瑰宝的品质不但没有提

高，甚至还有退化。对枯椒大树，有的砍掉，是很大的浪费。近年经人们反复实验、观察，嫁接成活率，有的高达75%以上，与其他苗木一样，生长旺盛，枝繁叶茂，果实累累，现将有关方法介绍如下。

1. 劈接

劈接适宜于较粗大的砧木，一般多用于改劣换优。嫁接时，选择2～4年生苗，将离地面5～10厘米，比较光滑通直的部位锯

断，用嫁接刀把断面削平，在断面中央向下直切一刀，深约2～3厘米，然后取接穗，两侧各削一刀，使下端成楔形，带2～3个芽剪断，含在口中，再用一个木楔将砧木切口撑开，将接穗插入，使砧木和接穗的形成层密接，取出木楔。用麻绳或马兰草从上往下把接口绑紧，如劈口夹得很紧，也可不绑扎。绑缚时不要触动接穗，以免砧木和接穗的部位错开。用黄泥糊好接口，再培起土堆。土堆要高出接穗顶端2～3厘米，以利保湿成活。

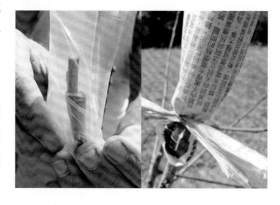

2. 切接

切接适用于1.5～2厘米粗的砧木。在砧木离地面2～3厘米处剪断，选皮层厚、光滑、纹理通顺的地方，把砧木

断面略削少许，再在皮层内略带木质部垂直切下2厘米左右。在接穗下芽的背面1厘米处斜削一刀，削去1/3的木质部，斜面长2厘米左右，再在斜面的背面斜削一小斜面，稍削去一些木质部，小斜面长0.5～0.8厘米。将接穗插入砧木的切口中，使砧穗两边形成层对准、靠紧。如果接穗比较细，也必须保证一边的形成层对准。接后绑缚和埋土与劈接法相同。

3. 舌接

舌接一般适用于1厘米左右粗的砧木，并且砧木和接穗粗度大致相同。嫁接时将砧木在距地面10厘米左右处剪断，上端削成3厘米左右长的斜面，削面由上往下的1/3处，垂直往下切一刀，切口长约1厘米，使削面成舌状。在接穗下芽背面，也削成3厘米左右长的斜面，在削面由下往上1/3处，也切一长约1厘米的切口。然后把接穗的接舌插入砧木的切口，使接穗和砧木的舌状部交叉接合起来，对准形成层向内插紧。如果砧木和接穗不一样粗，要有一边形成层对准，密接。

4. 皮下腹接

又叫插皮接，先在砧木离地6～10厘米高处，选一平滑面，将嫁接刀在此平滑面处的皮上划个"T"字形，深达木质部。然后用刀尖轻轻将划口的皮层剥开少许。接穗下部削成0.5～1厘米的大斜面，在斜面的背面两侧轻轻削去表皮，使其尖端削成箭头状，削面要光滑。再将削好的接穗大斜面朝里插入砧木皮层与木质部之间削口处，直到把接穗削面插完为止。最后用塑料薄膜带扎紧即成。

5. 切腹接法

先在砧木离地面5～10厘米高处，用嫁接刀斜切一个5～6厘米长的切口，切深不超过髓心。接穗一侧削成一个长斜面，长5～6厘米，背面削成3～4厘米的短斜面，长斜面的长度与切口长度相同。然后将接穗的长斜面向木质部，短斜面向皮层，对准形成层插入切口，接口上5厘米处剪断砧木，再用塑料薄膜带捆结实。

6. 嫩梢接法

5月底至7月初，利用尚未木质化的发育枝作接穗，随采随嫁接。选迎风光滑的砧木面切"T"字形接口，横口长1厘米，纵口长2厘米，切深至皮层不伤及木质部，切口以上留15～20厘米砧桩，剪除砧梢。接穗先从正芽3厘米处剪去上梢，再从切口向下顺芽侧方斜切一刀，切下长约1.5厘米带有一个腋芽的单斜面枝块，枝块上端厚3～4毫米，拔砧皮，将枝块插入接口，使接穗的纵切面与砧木的木质部紧贴，横切口与砧木横切口密接，最后绑好接口。

7. "T"字形芽接

又叫盾状芽接，花椒生长旺盛的7～8月，砧木离地

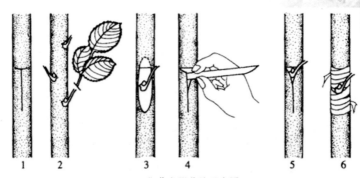

"T"字形芽接示意图

1 砧木切口　2 选接芽去叶片　3 取芽形状
4 砧木剥皮　5 置入芽片　6 绑缚

5厘米左右处树皮光滑的部位，先横切一刀，深达木质部，长约0.5～1厘米，再在横切口下垂直竖刀切一下，长1.5～2厘米，使成"T"形。砧木切好后，在接芽上方0.3～0.4厘米，长约0.5～1厘米处，横切一刀，深达木质部，再由下方1厘米左右处，自下而上，由浅入深，削入木质部，削到芽的横切口处，呈上宽下窄的盾形芽片，用手指捏住叶柄基部，向侧方推移，即可取下芽片。芽片取下后，用刀尖挑开砧木切口的皮层，将芽片插入切口内，使芽片上方与砧

木横切对齐。然后用塑料薄膜条自上而下绑好，使叶柄和接芽露出。绑的松紧要适度，太紧太松都会影响成活。

8.方块形芽（嵌芽接）

接法和"T"形芽接法的区别在于，芽片切成约为1厘米×1.5厘米的方块状，将芽片放在5％白糖液中浸不超过10分钟，或含于口中，或包于湿毛巾中，防止氧化。在砧木光滑处切除与芽片大小相同的砧木皮方块。将芽片植入砧木的切口内，沿芽片边缘用芽接刀划去芽片外砧木的表皮，露出芽眼和叶柄，扎好即可。

（三）嫁接苗的管理

嫁接后25～30天，接芽即可萌发，此时用嫁接刀挑破薄膜露出接芽，让其自然生长，然后再距接芽上方1厘米处，分2～3次剪砧。其他的管理还包括除萌、除草、施肥、防治病虫等工作。当年秋季即可出圃定植。

第三篇　花椒栽植建园

一、栽植地选择

选择冬季最低气温高于-20℃、土层深厚、土质疏松的荒山、荒坡、梯田地埂、地边、路边、渠边、房前屋后均可栽植，风大的风口及低洼地忌栽植花椒。

二、整地

整地一般在栽植花椒前半年或一年进行，最好在雨季之前整好地，这样在雨季既可蓄水保墒，又能使施入坑内的农家肥或禾秆的茎叶腐烂，以尽快提高土壤肥力。

如条件较好的地方，亦可随时整地，随时栽植。整地方法如下：

1. 全园整地

全园深翻30～50厘米，深翻时亩施农家肥2500～5000千克。

2. 带状整地

在规划的栽植行挖宽1～1.2米，深60～80厘米，生土和熟土分开堆放，然后施入农家肥或禾秆、杂草、油渣等，将沟填平。

3. 穴状整地

即在栽植点确定后，挖一米见方的大坑，填入农家肥等，将坑填平，栽植时再挖坑栽植。

在平缓的山坡地建立丰产园时，按水平等高线的原则，修筑水平梯田或内低外高的反坡梯田。在地埂、地边、埝边栽植花椒时，挖60～80厘米的大坑，施入25～50

千克农家肥，然后回填，栽植时再挖栽植坑。

三、栽植

1. 苗木准备

花椒栽植首先要选择高产、优质的良种壮苗，要求根系完整，须根较多，苗龄一年生，苗高50～80厘米，地径0.6～0.8厘米，芽子饱满，无病虫损伤。

栽植花椒最好随挖随栽，远距离运苗要求采用湿麻袋或湿草袋进行包装，包装前将苗木根系蘸泥浆，并在运输途中不断洒水，使苗木保持湿润。一时栽不完的苗木要选背风向阳的地方进行假植。

2. 栽植时间

春季、雨季及秋季均可进行栽植，云南以雨季栽植为主。雨季带叶栽植技术是近年总结出的一项新技术。其关键技术是：在冬、春两季整好地，到雨季阴雨天气移栽。优点是栽植时期延长，栽植的成活率一般可达90%以上；幼苗抗寒越冬能力强，且第二年春季生长迅速。

3. 栽植密度

为解决过去在花椒栽植中存在的密度过大，给后期的耕作管理和采摘带来诸多不便的问题，在规划设计中要坚持平地、肥地稀，山坡地、旱地密的原则。株距3米，水肥条件好的地块株行距为3米×4～5米；坡地、旱地株行距为2.5米×3.5～4米。

4. 栽植时注意事项

（1）苗要放正，直立、根要伸展。

（2）先埋熟土，埋至一半深时将苗轻轻上提，再踏实垫土，埋土深度以深于原地基土二指为宜。

（3）天旱时有条件的可灌水，没灌水条件的要先垫湿土。湿土不够可用客土。

（4）夏季（生长季节）栽时不宜随栽截杆，只宜摘心。春、秋（深秋停止生长）栽后要截杆埋土。

第四篇　椒园土、水、肥管理

花椒树不同于其他果树，它的根系发达而较浅，群众俗称顺坡溜，就是说，花椒树的营养根系大部分分布接近地面，覆盖比较大，在管理上对水、土肥要求不严。

群众说"花椒不除草，当年就衰老"是很有道理的，它说明除草的重要性，因花椒根系浅，杂草易与花椒树争夺水肥，花椒虽适应性强、耐瘠薄，但从各地的实践经验中，加强地下管理，做好护穴深翻，中耕除草，同时修筑蓄水穴，留作营养带，对花椒的产量影响甚大。除草要浅，深时会对根系有损伤。每次除草后，都应用耙子耙一下，有保墒作用。

一、深翻改土与培土

山地花椒园，土层浅，质地粗，保肥蓄水能力差，深翻可以改良土壤结构和理化性质，加厚活土层，有利于根系的生长。深翻改土在春、夏、秋季都可进行，春翻在立春后要及早进行。

花椒易受冻害，特别是主干和根茎部，是进入休眠期最晚而结束休眠最早的部位，抗寒力差，所以，需进行主干培土，以保护根茎部安全越冬。

二、除草松土

除草的方法有三种：中耕锄草、覆盖除草、药剂除草三种方法，以覆盖除草效果最好。中耕太多会破坏土壤结构；行间种绿肥、树下秸秆覆盖是比较理想的管理制度，行间绿肥最好是每年深翻一次，重新播种，树下则以二三年深耕一次为好。

三、合理施肥

施肥时期应根据花椒生物学特性以及土壤的种类、性质、肥料的性能来确定。一般可分基肥、追肥两种。

根据追肥的作用和施用时期的不同，通常分以下阶段进行：

花前追肥：是对秋季施基肥数量少和树体贮藏营养不足的补充，对果穗增大、提高坐果率，促进幼果发育都有显著作用。

花后追肥：主要是保证果实生长发育的需要，对长势弱而结果多的花椒树效果显著。

花芽分化前追肥：花芽分化前追肥，对促进花芽分化有明显作用。应以氮、磷肥为主，配合适量钾肥。

秋季追肥：主要为了补充花椒树由于大量结果而造成

的树体营养亏损和解决果实膨大与花芽分化间对养分需要的矛盾。

（一）基肥

在采椒后至翌年1月前进行，以9月中旬至10月上旬为宜，最迟不超过翌年3月底。肥种以农家肥为主，结合施基肥，可推广丰产穴技术。即沿树干投影外围开挖5~6个长50厘米、宽50厘米、深40厘米左右的施肥坑，先回填表层熟土，再施入作物秸秆、杂草及基肥，生土回填表层，以利熟化，以后逐年按同样的方法沿沟向外扩展。施肥量依树龄而定，详见表1。

表1　花椒基肥施用时间、种类及用量表

施肥时间	树龄（年）	农家肥（kg/株）	化肥（kg/株）	稀土微肥（kg/株）
9月中旬至10月上旬	1~3	15~30	磷酸二胺 0.3~0.5	0.2
	4~6	30~50	三元复合肥 0.5~1	0.5
	盛果期	50~75	三元复合肥 1~1.5	0.5~1.5

（二）追肥

1. 土壤追肥

一个生长周期追肥两次，第一次在花椒花蕾形成期以氮肥为主，氮磷结合；第二次在花椒成熟前一个半月施，以氮、磷肥为主，并施入少量钾肥，雨前施或施后灌水，施肥量见表2。施肥方法是沿树冠垂直投影外缘挖穴埋施，每株等距离挖穴6个以上。氮、钾肥沟、穴深15~20厘米，磷肥沟穴深20~30厘米。

表2 花椒土壤追肥量表

单位：千克/株

追肥时间	树龄	氮肥	磷肥	钾肥
花蕾形成	幼树	0.2～0.3	0.2～0.3	
	盛果树	0.2～0.5	0.3～0.6	
	老弱树	0.4～0.5	0.5～0.8	
花椒成熟前一个半月	幼树	0.1～0.2	0.3～0.5	0.2～0.3
	盛果树	0.15～0.25	0.5～1.0	0.3～0.5
	老弱树	0.2～0.3	0.5～1.2	0.4～1.0

2.根外追肥

其优点是：投资少、见效快、肥效利用率高、灵活方便，可结合防病防虫同时进行。根外追肥对提高花椒坐果率，减少落果、裂果，改善树体营养，增强抗旱能力，提高产量和品质等有重要作用。叶面喷肥自花椒发芽至落叶整个生长期均可进行，一般分为四个时期，其喷施次数、浓度、肥料种类等，详见表3。

表3 花椒叶面喷肥的时间、种类、目的及方法

时间	物候期	喷肥种类	目的	使用浓度	喷施次数
3月中下旬	开花坐果期	硼肥、蔗糖、尿素	提高坐果率	0.5%～0.3%、1.0%、0.5%	1～2
4～5月	果实膨大期	芸苔素、氨基酸钙、磷酸二氢钾	促果实膨大	0.2%～0.3%、0.5%	2～3
6月下旬至7月上旬	成熟采摘期	防落素	防止落果、裂果	13～27ppm	1～2
8～9月	营养储备期	尿素	提高营养储备水平	0.5%～1%	1～2

花椒叶面肥喷施注意事项：

（1）喷施时间在10：00前和16：00后。

（2）喷施浓度严格按照叶面肥产品标签的说明，现配现用。

（3）喷施后4小时内遇雨应重新喷施。

（4）和农药配施，施用方法严格按照产品说明。

（5）目前叶面肥的种类多，应根据花椒各个生长阶段需肥特点和肥料的性质合理选配。

第五篇　花椒树的整形修剪

一、整形修剪的作用

整形修剪，不但可使树体骨架牢固，增强抗风力，提高负载量，而且枝条分布合理，层次分明，通风透光，增强光合作用，提高光能利用率，还可促使树势健壮，提早结果，延长经济寿命。所以合理整形修剪是提高产量、质量，克服大小年结果的重要技术措施。

要使花椒结果早、结果多、品质好，就要不断认识它的生长发育规律，摸清综合管理的方法，同时，运用修剪来调节生长和结果、消耗与积累的矛盾，抑制旺树徒长，促进老弱树生长使树体营养适中，形成壮而不旺，老而不衰，强弱适度，达到高产稳产，优质的目的。

二、整形修剪方法

1. 短截

短截是剪去一年生枝条的一部分，留下一部分，也叫短剪。分轻短截、中短截、重短截以及极重短截。

2. 疏剪

又叫疏枝，疏剪时主要疏除树冠中的枯死枝、病虫枝、交叉枝、重叠枝、竞争枝、徒长枝、过密枝等无保留价值的枝条。

3. 缩剪

一般是指将多年生枝截到分枝处的剪法。

4. 甩放

又叫缓放、长放，对一年生枝不剪叫"长放"。

5. 伤枝

能对枝条造成破伤以削弱顶端生长势，而促进下部萌发或促进花芽形成，提高坐果率和有利果实生长。有刻伤、环剥、拧枝、扭梢、拿枝软化等。

6. 曲枝

将直立或开张角度小的枝条，采用拉、别、盘、压等方法使其改变为水平或下垂方向生长的措施叫曲枝。

三、整形修剪的时间

椒树的修剪分冬剪和夏剪，冬剪一般从采收椒后至发芽前进行，采椒后的修剪主要应在盛果期的成龄树，成龄树枝条过密光照差，通过修剪可以改善光照，提高光合机能，增加养分积累，提高花芽质量，又不易萌发徒长枝，有利于树势缓和。群众总结说春上肥、夏除草，摘椒时间把树绞（剪），但老弱树不宜在8、9月修剪。

夏剪应在5月份进行，因为5月中旬左右新梢第一生长高峰基本停止，当年已形成相当的叶量，加之此时正值幼果速生期和花芽形成高峰期的前期，树体营养矛盾比较突出，通过夏剪手段使生殖生长机能强于营养生长机能，有利于花芽的形成和幼果的膨大，所以群众总结说：冬剪长树，夏剪结果是很有道理的，它既提高了当年的结果率，增加了产量，又增加了结果所需营养的积累，为提高花芽质量奠定了物质基础。

四、主要树形的培养

（一）树形

1. 丛状形也叫自然杯状形

丛状形属常见的一种树形，具有成形快、结果早、抗风抗蛀杆害虫的优点，其特点不留主干，在栽植前将主干由根部向上1～2厘米处截掉，

或截后从地面处将主干截掉，使其由根部萌发出数条主枝，然后再选留3～5个方向不同、长势均匀、位置布局均匀的枝条，每主枝上选留1～2个侧枝进行培养而成。

2. 自然开心形

是在杯状形基础上改进的一种树形。一般干高30～40厘米，在主干上均匀地分生3个主枝，在每个主枝的两侧交错配备侧枝2～3个，构成树体的骨架。

新栽椒树苗、秋栽者，自落叶后至次年春季萌发前，视苗大小自根基15～20厘米处定杆，春栽者，栽后即行定杆或自根茎15～20厘米处截杆栽植，当年不论生枝多少，均应保留，但只选留3个分布均匀、生长健壮、抽生部位临近的枝条作为主枝，基角保留60度左右，如果角度偏小，加放大块石块，可开张其角；每一主枝上选留2～3个侧枝，要求同级侧枝在同一方位：第一侧枝距主干40～50厘米左右，第二侧枝距第一侧枝30～40厘米，第三侧枝距第二侧枝50～60厘米左右，全树配备侧枝的多少要视其株行距的大小而定，每亩50株以下，每枝配备侧枝6～9个；50株以上，80株以下，可配侧枝6个左右；80株以上只配3个侧枝即可，更密者不配侧枝，反留主枝。直接培养结果枝组。

自然开心形具有成形快，结果早，通风透光，抗病虫害，产量高等优点。

同级侧枝选留在同方位，二级侧枝同一级侧枝方向相反，一级侧枝和三级侧枝方位相同。

3. 多主枝开心形

该树形最大的特点是没有中央领导干。在主干上分生3～4个主枝，使其向不同方向均匀分布。这种树形通风透光好，主枝角度小，衰老较慢，寿命较长，适宜半开张的大红袍等品种。

（二）树体培养

花椒树的形体培养，分四年进行：

第一年：栽后（雨季栽植除外）从平面剪截至土堆，

待次年萌发数芽，选择3～5个着生位置理想且分布均匀、生长势强壮的枝条为主枝。其他枝条不可扳抹，应采取拉、垂、拿的办法，使其水平或下垂生长，以缓和长势扩大叶面积，增加树体有机质的积累，所留主枝长至50～60厘米时摘心促发二次枝，培养一级侧枝，同级侧枝应选在同方位，冬剪时，主枝侧枝均应在饱满等处剪，且要注意剪口等口选留，若主枝主位、角度均很理想，剪口芽均应选留外芽。剪口第二芽若在内侧应剥除。主枝角度偏小，可用撑、拉、垂的办法开张角度，同时主枝方位角不够理想，可用左芽右蹬或右芽左蹬法进行调整。

其他枝条长甩长放，应用拉、垂、撑等方法进行开角、缓和长势促其生殖生长，以达早挂果的目的。

第二年：主枝延长头至60厘米时进行摘心，培养第二侧枝，其方向同第一侧枝相反。其他枝条甩长放，5、6月份采用拉垂的办法使其下垂，或多次轻摘心，促其花芽形成，以提高幼树早期产量。冬剪方法基本与第一年冬剪相同。

第三年：主枝延长头至70厘米时摘心，促其抽发第三侧枝，且在侧枝间。侧枝上视其空间大小、培养中小型枝组。为早期获得高产打好基础，冬剪时视株间大小，决定是否选留第四侧枝。若空间已满，其延长头长甩，反之在泡满芽处剪截、第四年培养第四侧枝，其方向同第二侧枝，所有侧枝以背下斜生为好。

第四年：对主枝头及长旺枝，5月后均进行多次轻摘心，敦实内膛枝组。冬剪时对过密枝，多年长放枝且影响主枝、侧枝生长发育时，无效的枝条进行疏除，也可适当部位回缩。整个整形过程需三到四年完成。

五、结果枝的整形修剪

结果初期修剪任务是，在适量结果的同时，继续扩大树冠，培养好骨干枝，调整骨干枝长势，维持树势的平衡和各部分之间的从属关系，完成整形，为盛果期稳产高产打下基础。

1. 骨干枝的修剪

根据自然开心形的树体结构，初果期虽然主、侧枝头一般不再增加，但需继续加强培养，使其形成良好的树体骨架。

2. 辅养枝的利用和调整

在初果期，辅养枝既可以增加枝叶量，积累养分，圆满树冠，又可以增加产量。所以，只要是辅养枝不影响骨干枝的生长，就应该轻剪缓放，尽量增加结果量。

3. 结果枝组的培养

由一年生枝培养结果枝组的修剪方法，常用的有以下几种：先截后放法；先截后缩法；先放后缩法；连截再缩法。

4. 骨干枝修剪

在盛果初期，可对延长枝采取中短截；盛果期后，外围枝大部分已成为结果枝，长势明显变弱，可用长果枝带头，使树冠保持在一定的范围内。盛果后期，骨干枝应及时回缩，复壮枝头。

5. 除萌和徒长枝的利用

花椒进入结果期后，常从主干上萌发很多萌蘖枝，这些枝应及早抹除。

不缺枝部位生长的徒长枝，应及时抹芽或及早疏除，以减少养分消耗，改善光照。骨干枝后部或内膛缺枝部位的徒长枝，可改造成为内膛枝组。

六、放任树的修剪

（一）放任椒的特点

放任椒的成龄树，普遍表现主枝过多，层次不清，通风透光不良，结果部位外移。

（二）修剪时应注意几点

（1）逐步疏除过密大枝，但不能大拉大砍，强求树形，以免强度修剪影响产量。

（2）对所留大枝，可采用"打进去，拉出去"和拉、剔、垂等方法，使其合理占据空间，均匀分布。

（3）疏除过密细弱枝、病虫枝、徒长枝，以利稳定树势，防止早衰。

（4）结果枝组要细致修剪，放放缩缩，交替更新，延长经济年限。

（5）对内膛空间过大，可采用引枝补空，以达椒冠完满，扩大结果面积，提高单产。

（6）对那些燕尾枝，即历年来长甩长放的大枝、下部光秃，没有形成良好枝组，可采用重压法，产生良好枝组，使其树体紧凑，以达立体结果之目的。

七、低产花椒树的改造与修剪

20年生的椒树，一般情况就开始衰老，修剪时应注意：

（1）及时疏除没有保留价值的大枝。

（2）对主侧枝应及时回缩到主枝，壮芽或树皮完好之处，且以背上斜生枝带头增强树势。

（3）积极保护徒长枝，以利更新。

（4）采用四疏四保法：即疏除细弱枝，保留健壮

枝；疏除下垂枝，保留背上斜生枝；疏除病虫枝，保留健壮枝；疏除回缩衰老枝，保留健壮新生枝。

对衰老树的修剪，本着改善光照，恢复树势，更新复壮的目的。

总之，花椒树的整形修剪，本着因枝修剪，随树适形，立体结合，延长寿命的原则。幼树修剪应以轻为主，轻重结合，达到早结果、早丰产的目的，其主要技术措施是开张角度，扩大树冠，基本方法是拉、拿、撑、坠等。同时采用新梢摘心，促进花芽形成，尽量少用环状剥皮，以免造成伤口流胶，病虫感染。采用环状剥皮方法，必须因树因地制宜，严格遵循技术要领。

第六篇 花椒病虫害防治

一、病害

（一）花椒炭疽病

1. 症状

主要危害果实，也可危害叶片和嫩梢，严重时一个果实可达3～10个病斑，易造成果实脱落，一般减产5%～20%，甚至高达40%。发病初期，果实表面呈不规则的褐色小斑点，随着病情的加重，病斑变成圆形或近圆形，中央凹陷，深褐色或黑色。天气干燥时，病斑中央呈灰色或灰白色，且有许多排列成轮纹状的黑色或褐色小点。如遇到高温阴雨天气，病斑上的小黑点呈现粉红色小突起。病害可由果实向新梢、嫩叶上扩展。

2. 发病规律

病菌以菌丝体或分生孢子在病果、病叶及枝条上越冬。第二年6月初在温、湿度适宜时产生孢子，借风、雨和昆虫传播，引发病害。能发生多次侵染。每年6月下旬至7月上旬开始发病，8月为发病高峰期。在椒园树势衰弱、通风、透光性差、高温、高湿条件下病害易发生流行。

3. **防治方法**

（1）人工防治

①加强椒园管理，进行深耕翻土，防止偏施氮肥，采用配方施肥技术，降雨后及时排水，促进椒树生长发育，增强抗病力。

②及时清除病残体，集中烧毁，以减少病菌来源；通过修剪椒树改善椒园通风透光条件，减轻病害发生。

（2）药剂防治

①冬季结合清理椒园，喷施一次波美3～5度石硫合剂或45%晶体石硫合剂100～150倍液，同时兼治其他病虫害。

②春季嫩叶期、幼果期及秋梢期，各喷一次50%咪鲜胺可湿性粉剂1000倍液倍液，80%炭疽福美可湿性粉剂800倍液，50%除雷百利可湿性粉剂800倍液或50%倍得利可湿性粉剂800倍液。

（二）花椒锈病

1. **症状**

该病为普发性病害，又称花椒鞘锈病、花椒粉锈病。流行年份发病率可达50%～100%，可造成椒叶在采椒后不久便大量脱落，使椒树再次萌发新叶。影响当年椒树营养积累，同时由于再次生叶而使养分过度消耗，直接影响到次年椒树的产量和椒果的质量。病菌主要危害叶片，偶尔也危害叶柄。发病初期，在叶片正面出现直径为2～3毫米的水浸状褪绿斑，与病斑相对应的叶背面出现圆形黄褐色的疱状物——夏孢子堆。在较大的夏

孢子堆周围往往出现许多小的夏孢子堆，排列成环状或散生。这些疱状物破裂后释放出橘黄色粉状夏孢子。发病后期在叶片正面，褪绿斑发展成为3～6毫米深褐色坏死斑。叶背夏孢子堆基部产生褐色或橘红色蜡质冬孢子堆，突起不破裂，呈圆形或长圆形，排列成环状或散生。发病严重时，叶柄上也出现夏孢子堆及冬孢子堆。

2. 发病规律

此病一般于6月中下旬开始发生，7～9月为发病盛期。在降雨多，特别是秋季雨量大，降雨频繁的情况下，病害容易流行。病害多从树冠下部叶片发生，并由下向上蔓延，花椒果实成熟前病叶大量脱落，至10月上旬病叶已全部落光，新叶陆续生长。病菌可通过气流传播，气候适

宜时，病菌繁殖速度增快，多次再侵染。此病的发生与椒园所处地势环境有关，阳坡较阴坡发病轻，大红袍发病最重，其次是豆椒，狗椒较抗病。此外，若在椒树行间种植高秆作物，因通风透光不良，可加重发病。

3. 防治方法

（1）人工防治

①加强椒园管理。花椒落叶之后，将病枝落叶进行清扫，集中烧毁，彻底清除和消灭越冬病原菌。

②加强肥水管理，增强树势，提高椒树自身的抗病能力。

③栽培抗病品种。可用狗椒等抗病品种与大红袍等染病品种混合栽种，能有效降低锈病的传播流行；还可通过无性繁殖或嫁接等方法培养抗病品种。

（2）药剂防治

①6月初至7月下旬，用15%三唑酮可湿性粉剂600～800倍液、25%丙环唑乳油1000～1500倍液、12.5%烯唑醇可湿性粉剂600～800倍液或20%腈菌唑可湿性粉剂2000倍液均匀喷雾。

②花椒树在秋季果实采收后，或翌年春季椒芽萌发前喷洒一次1∶2∶600倍的波尔多液（硫酸铜500克，石灰1000克，水300千克），能杀死树体上寄生的病菌并防止

病菌晚秋、早春入侵，预防病菌的侵染和蔓延。

（三）花椒丛花病

1. 症状

该病主要危害花椒春梢和花序，花序受害后不能开花结果，嫩梢受害后叶片形成各种畸形叶，不久叶片干枯脱落，致使树势衰弱，生长不良。花序感病后，节间缩短，小枝梗丛生，花蕾多且畸形膨大，密集成团，致使整个花穗丛生成簇。花器不发育或发育不良，一般不能开花结果，偶尔结果，果实很少且细小。病花穗干枯后，经久不落，仍在枝梢间，形似鬼头，故称"鬼头花"。嫩梢感病后，叶片呈各种畸形顶，不久后叶片干枯脱落成为秃枝。严重时新梢节间缩短，侧枝丛生，当叶片脱落后，整个枝梢呈扫帚状，故又称"鬼扫帚"。

2. 发病规律

该病为病毒病。主要传播媒介是麻皮蝽、茶翅蝽等。还可通过种子、苗木的调运而远距离传播。接穗可以传毒，花粉也可能带毒，但不能通过汁液摩擦传染。该病的发生与花椒的品种、树龄和栽培管理等条件有密切关系，一般幼树比老树易感病。管理粗放，蝽象和木虱等发生严重，树势衰弱的椒园都容易感病。

3. 防治方法

（1）实行植物检疫

禁止从病区采购苗木、接穗和带病种子。新区如果发现病株应及早挖除烧毁，防止扩大蔓延。

（2）人工防治

①培育无病椒，从无病椒树上采集种子育苗，或从无病的品质优良的母株上采集接穗进行嫁接育苗。

②加强栽培管理。施足有机肥。适当增施磷、钾肥，使树体生长健壮，提高抗病力。

⑶药剂防治传媒害虫。嫩枝期及时喷药防治蟓象和木虱，减少传病媒介，减轻病害扩大传播。

（四）花椒白粉病

1. 症状

主要侵染花椒叶片，也危害新梢和果实。病害大发生时，叶片布满灰白色粉状物，病叶可达 70%～100%，使叶片干枯。叶片被侵害时，最初于叶片表面形成白色粉状病斑，然后病斑变成灰白色，并逐渐蔓延到整个叶片，严重时叶片卷缩枯萎。枝梢被害时，初为灰

白色小斑点，然后不断扩大蔓延，可使整个树梢受害，抽出的叶细长，展叶缓慢，随着病害的发展，病斑由灰白色变为暗灰色。果实受害后，果面形成灰白色粉状病斑，严重时引起幼果脱落。该病菌除危害花椒外，还危害杨树、葡萄等。

2. 发病规律

白粉菌以菌丝体在病组织上或芽内越冬，翌年形成分生孢子，借风力传播。分生孢子飞落到寄主表面，若条件适宜，即可萌发直接穿透表皮而侵入。孢子萌发适宜温度为20～28℃。在较低温条件下，孢子就能萌发。因此，干旱的夏季或温暖、闷热、多云的天气容易引起病害大发生。花椒栽植过密，施肥不当，通风、透光性差，也能促使病害流行。

3. 防治方法

（1）人工防治

①加强栽培管理。发病较多的椒园，注意清除病叶、病枝、病果，集中烧毁处理，防止传染。

②重视排水、施肥、中耕除草等工作，以增强树势，并适当剪去过密枝叶，保持通风透光良好，可减轻病害发生。

（2）药剂防治

①早春花椒发芽前喷洒45%晶体石硫合剂100～150倍液，除

防治白粉病外，还可兼治叶螨、介壳虫等。

②花椒发芽后喷洒75%百菌清可湿性粉剂600～800倍液、25%丙环唑乳油1000～1500倍液或25%三唑酮可湿性粉剂1500～2000倍液，间隔7～10天喷一次，有较好的防病效果。

（五）花椒褐斑病

1. 症状

该病主要危害花椒叶片，发病严重时，病叶率达60%以上，8月份便造成叶片枯黄早落。发病初期，在叶面上产生黄色水渍状圆形小斑点，病健交界不明显，叶背相对应部分呈现褪绿斑。病斑扩大后，呈淡褐色或褐色近圆形或不规则形，中心颜色较深，直径3～10毫米。叶背有深灰色绒状霉层，主脉附近的霉层密而多。几个病斑可相连形成大斑，导致叶片枯黄脱落。

2. 发病规律

病菌以菌丝体、子座在病残叶上越冬，翌年5月上旬产生孢子进行初次侵染，潜伏期17～33天。菌丝体生长温度为6～35℃。最适宜温度为20～30℃。生长季节可多次进行再侵染。病害由树冠下部叶片先发病，逐渐向上部扩展蔓延。在5月下旬至6月上旬和8月上旬分别出

现两次发病高峰。一般椒园管理不善，树势衰弱易引起发病。

3. 防治方法

（1）人工防治

①加强椒园水、肥、土的管理，以增强树势，可减轻病害的发生。

②秋末冬初清扫落叶，集中烧毁；同时椒园进行翻耕，将未清除干净的病残落叶深翻入土中。

（2）药剂防治

发病初期喷洒50%代森锰锌可湿性粉剂500～800倍液、80%甲基托布津可湿性粉剂1000倍液或50%多菌灵可湿性粉剂600～800倍液。从5月下旬开始，每隔10～15天喷1次，连续用药3～4次，立秋前后再用药1次，防病效果更好。

（六）花椒根腐病

1. 症状

受害植株根部变黑腐烂，有异臭味，根皮与木质部易脱离，木质部呈黑色，地上部分叶形变小、叶黄、枝条发育不健全，发病严重时整株死亡。不论幼、中、老树都发此病。

2. 发病规律

病菌以菌核和菌丝体在有病苗木上和土壤内越冬。7～8月雨季过后，土温骤升，苗木茎基部常被灼伤，伴随其他机械伤，病菌即从伤口侵入危害。因此，凡是雨季结束早，气温上升快或持续时间长的月份，苗木发病严重。如大水漫灌以及暴雨后不及时排水等造成的灌水、排水不当，也易引起此病的发生。

3. 防治方法

（1）合理调整布局，改良排水不畅，环境阴湿的椒园，使其通风干燥。

（2）做好苗期管理，严选苗圃，以15%三唑酮500～800倍液消毒土壤。高床深沟，重施基肥。及时拔除病苗。

（3）移苗时用50%甲基托布津500倍液浸根24小时。用生石灰消毒土壤。并用甲基托布津500～800倍液，或80%乙蒜素800倍液灌根。

（4）4月用15%三唑酮300～800倍液加芸苔素灌根成年树，能有效阻止发病。夏季灌根能减缓发病的严重程度，冬季灌根能减少病原菌的越冬结构。

（5）及时挖除病死根、死树，并烧毁，消除病染源。

（七）花椒树流胶病

是花椒树的常见多发病，管理粗放和树势衰弱的花椒园发病率可达75%～90%以上。流胶病严重削弱树势，影响产量、品质和植株寿命。

1. 流胶病的症状及病因

花椒树流胶病主要危害枝干和根茎，根据病因不同可分为两类。

（1）浸染性流胶病

由真菌引起，具有传染性。一年生嫩枝染病后当年形成瘤状突起，翌年5月病斑扩大，病体开裂溢出树脂，起初为无色半透明软胶，以后变为茶褐色结晶状；多年生枝染病，会产生水泡状隆起并有树胶流出。随着病菌的侵害，受害部位坏死，导致枝干枯死。这种病以菌丝体和孢子器在病枝里越冬，翌年3月下旬至4月中旬产生孢子，随风雨传播。雨天溢出的树胶中有大量

病菌随枝流下，导致根茎受浸染，气温5℃时病部渗出胶液，随气温升高而加速蔓延，一年有两次高峰，第一次5~6月，第二次8~9月。

（2）非浸染性流胶病

由于机械损伤、虫害、伤害、冻害等伤口流胶和管理不当引起的生理失调，发生流胶。本病多发生在主干和大枝的分叉处，小枝发生少。大枝发病后，病部稍膨胀，早春树液流动时，常从病部流出半透明黄色树胶，雨后流胶量多。病部容易被腐菌浸染，使皮层和木质部腐烂，致使树势衰弱。一般4~10月发生，以7~10月雨水多、湿度大和通风透光不良的花椒园发病重，树势弱、土壤黏重、氮肥过多的地块，花椒凤蝶、天牛、叶甲虫、吉丁虫危害重的田块发病重。

2. **防治方法**

（1）加强树木的栽培管理，增强树体的抗病能力。增施有机肥，改良土壤。由于部分病虫主要从伤口侵入，所以，对地下病虫要及时灌根防治，在进行深翻作业时避免伤及大根，减少非浸染性病害。

（2）适时喷药，做好预防。在病菌即将发生的3月下旬，喷1500倍甲基托布津等杀菌剂，在两次发病高峰期以前，就是在5月中旬和7月下旬，每隔一周喷一次1000倍的杀毒矾或菌毒清，交替使用，连喷2～3次，预防浸染性病菌蔓延。在虫害严重时应及时用5%甲维盐水分散粒剂2000倍液或40%毒死蜱乳油800倍液喷雾防治。对于已发生的病斑要及时刮除，再涂抹石硫合剂保护，发现枝干上有蛀孔时，应及时用钢丝或竹签捅进，刺死活虫或用棉球蘸50倍敌敌畏液后塞进蛀孔，外面用软泥涂封，熏死蛀虫。

（3）精细管理，保持树势，增加产量。合理的修剪是花椒树高产的前提。通过修剪构成一定的丰产树形，及时去除病虫枝，减少二次感染机会，合理布局枝条，控制结果，克服大小年，使树势健壮，连年丰产，达到优质、高产、稳产的目的。

（4）清园消毒，减少越冬病原及虫害。冬季清理花椒园应彻底，将病虫枝叶集中烧毁或深埋；早春和秋末各喷一次5波美度石硫合剂或100倍等量式波尔多液，防治越冬病害；冬前树干涂白，防止冻害。另外，对树盘、根茎周围的表土要及时更换，可减少根茎病虫害的发生。

（八）花椒黄叶病

1. 症状

该病是由于缺铁而引起的缺素症，属于生理病害。该病分布于全国各花椒产区，以盐碱地和石灰质过高的地区发生比较普遍，尤以幼苗和幼树受害严重。

2. 发病规律

花椒黄叶病多发生在盐碱地或石灰质过高的土壤中，由于土壤复杂的盐类存在，使水溶性铁元素变为不溶性的铁元素，使植物无法吸收利用。同时生长在碱性土壤中的植物，因其本身组织内生理状态失去平衡，使铁元素的运输和利用也受到阻碍，导致花椒生长发育所需要的铁元素得不到满足而发病。花椒在抽梢季节发病最重。一般4月份出现症状，严重地区6～7月开始大量落叶，8～9月间枝条中间叶片落光，顶端仅留几片小黄叶。一般干旱年份，生长旺盛季节发病略有减轻。

3. 防治方法

（1）人工防治

①选择栽培抗病品种或选用抗病砧木进行嫁接，避免黄叶病的发生。

②改良土壤，间作

豆科绿肥。压绿肥和增施有机物，可改良土壤理化性状和通气状况，增强根系微生物活力。

③加强盐碱地的改良，科学灌水，洗碱压碱，减少土壤含盐量。旱季应及时灌水，灌水后及时中耕，以减少水分蒸发；地下水位高的花椒园应注意排水。

（2）药剂防治

①在花椒黄叶病发生严重地区，可用30％康地宝液剂，每株20～30毫升，加水稀释浇灌，能迅速降碱除盐，调节土壤理化性状，使土壤中营养物质和铁元素转化为可利用状态，在花椒吸收后，可解除生理性缺素症状。结合有机肥料，增施硫酸亚铁，每株施硫酸亚铁1～1.5千克，或施螯合铁等，有明显治疗效果。

②在花椒发芽前喷施0.3％硫酸亚铁、生长季节喷洒0.1％～0.2％硫酸亚铁、12％小叶黄叶绝400倍液，也可有效防治黄叶病。用强力注射器将0.1％硫酸亚铁溶液或0.08％柠檬酸铁溶液注射到枝干中，防治黄叶病效果较好。

（九）花椒干腐病

1. 症状

该病是伴随吉丁虫危害而发生的一种枝干病害。能迅速引起树干基部树皮坏死腐烂，导致叶子变黄，甚至整个枝条或树冠干枯死亡。花椒干腐病主要发生于树干基部，发病初期，树皮湿腐状，略有凹陷，还伴有流胶出现。病斑黑色，长椭圆形。剥开烂皮布满白色菌丝，后期病斑干缩、开裂，同时出现很多橘红色小点，若病斑环绕一周则很快干枯死亡。

2. 发病规律

病菌以菌丝体和繁殖体在病部越冬。翌年5月初气温升高时，老病斑恢复侵染能力，在6~7月份产生分生孢子，借风、雨传

播，并通过伤口入侵。病害的发生发展可持续到10月份，当气温下降时，病害停止蔓延。病害发生程度与品种、树龄及立地条件有关，豆椒比其他花椒品种抗病，幼树比老树发病轻，阴坡比阳坡花椒发病也轻。在自然条件下，凡是被吉丁虫危害的椒树，大都有干腐病发生。

3. 防治方法

（1）人工防治

①加强植物检疫。调运花椒苗木时，一定要做好该病的检疫工作，有病苗木严禁调往外地，以防传播蔓延；避免从病区调入苗木，使病害传入。

②加强栽培管理。改变对花椒园传统粗放的经营方式，加强肥水管理，及时修剪、清除带病枝条，集中销毁处理。

（2）药剂防治

在花椒吉丁虫发生期，用40％毒死蜱乳油5倍液加1∶1柴油，喷施树干治虫，间隔5日再喷一次50％甲基托布津可湿性粉剂500倍液，治虫防病效果较好。对大枝干上发病较轻的病斑，可进行刮除，并在伤口处涂抹"伤口涂抹剂"。在每年3～4月间和采收花椒果实后，用40％福美胂可湿性粉剂100～200倍液，喷施树干2～3次。

（十）花椒木腐病

1. 症状

该病主要为害花椒树干和大枝，往往使受害部腐朽脱落，一般病株率10％～40％，个别椒园为害严重时，发病率常在80％以上，致使椒树死亡。

2. 发病规律

病菌在干燥条件下，菌褶向内卷曲，子实体在干燥过程中收缩，起保护作用。如遇有适宜温、湿度，特别是雨后，籽实体表面绒毛迅速吸水恢复生长，在数小时内释放出病孢子进行传播蔓延。病菌可从机械伤口（如修剪口、锯口和虫害伤口）入侵，引起发病。树势衰弱，特别是衰弱的老椒树，抗病能力差，易感病。

3. 防治方法

（1）人工防治　加强椒园管理，发现枯死或衰弱的老椒树，要及早挖除并烧毁；对树势衰弱或树龄大的花椒树，应合理施肥，恢复树势，以增强抗病能力。保护树体，减少伤口，是预防本病的重要措施。

（2）药剂防治

发现病树长出子实体后，应立即摘除，集中烧毁，并在病部涂抹1％硫酸铜，或40％福美砷可湿性粉剂10倍液消毒。对锯口、修剪口，要涂抹1％硫酸铜，或40％福美胂可湿性粉剂100倍液消毒，然后再涂抹波尔多液或煤焦油等保护

以促进伤口愈合，减少病菌侵染，避免病害发生。

（十一）花椒膏药病

1. 症状

树干和枝条上形成圆形、椭圆形或不规则形的菌膜组织，贴附于树上，菌膜组织直径可达6.7～10厘米左右，初呈灰白色、浅褐色或黄褐色，后转紫褐色、暗褐色；有时呈天鹅绒状，边缘色较淡，中部常有龟裂纹；有的后期干缩，逐渐剥落，整个菌膜好像中医中的膏药，故称"膏药病"。

2. 发病规律

该病的发生与桑拟轮蚧等害虫有密切关系，病菌以介壳虫的分泌物为营养，介壳虫常由菌膜覆盖得到保护。菌丝在枝干

表皮发育，部分菌丝可侵入花椒皮层危害，老熟时菌丝层表面生有隔担子和担孢子。病菌孢子又可随害虫的活动到处传播、蔓延。一般在枝叶茂盛、通风透光性差、土壤黏重、排水不良、空气潮湿的椒园，易发生花椒膏药病。

3. 防治方法

（1）人工防治

①加强栽培管理。花椒栽植地避免过分潮湿，冬、春季枝干涂白，可以减轻病害发生。

②刮治。用刀刮除树上菌膜，达到防治的目的。

（2）药剂防治

用45％晶体石硫合剂150～200倍液或22％克螨蚧乳油1000倍液喷雾。在树干上涂刷黄泥浆，防效也比较好。刮治菌膜后，可涂抹50％代森铵可湿性粉剂200倍液或45％晶体石硫合剂80～100倍液。

二、花椒害虫防治

（一）枸橘跳甲

1. 为害

幼虫均取食嫩芽、花蕾和花；成虫取食嫩芽、幼叶，幼虫潜叶危害，造成隧道和落叶。

2. 生活史与习性

枸橘跳甲每年发生一代，老熟幼虫入土化

蛹，成虫在土中或树皮裂缝处越夏和越冬。每年3月下旬成虫出蛰，4月上旬产卵，4月中下旬至5月初为幼虫为害盛期。成虫取食芽和叶片，使叶片残留叶脉，形

成透明孔状膜或缺刻；幼虫潜叶食害叶肉造成隧道，能转叶危害。使叶片千疮百孔，促使幼果脱落造成减产。成虫活泼，善跳会飞，有假死性。产卵于嫩叶叶尖或边缘。幼虫老熟后在树干周围下地，入土3厘米左右处化蛹。据调查，部分房屋附近椒园春梢叶受害率可达80%以上。

3. 防治方法

（1）人工防治

加强椒园田间管理。于4月底至5月中旬，随时检查萎蔫的花序和复叶，并及时剪除，集中烧毁或深埋土内，以消灭幼虫；6月上中旬在椒园中耕灭蛹；花椒收获后，及时清扫树下枯枝落叶或杂草，并刮除椒树翘皮，集中烧毁，可消灭部分越冬成虫。

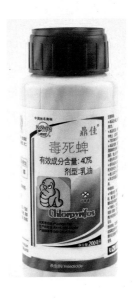

（2）药剂防治

①土壤处理。根据成虫在土内

越冬的习性，于椒树发芽前（4月10日左右）和成虫出土前，将树冠下的土壤刨松，然后按每公顷用50%辛硫磷乳油8～9千克、50%甲基辛硫磷乳油8～10升、50%甲基异柳磷乳油7.5千克，加水450升均匀喷洒到树冠下缘、主干半径1～1.5米范围内地面上，施药后纵横交叉耙两遍，确保药剂均匀混入土内。

②树上喷药。4月下旬于花椒现蕾期，越冬成虫出蛰盛期，可喷洒90%晶体敌百虫1000倍液、40%毒死蜱乳油1000倍液、20%杀灭菊酯乳油3000倍液、16%高效杀得死乳油2000倍液或4.5%高宝乳油2500倍液，均有显著防效。

此外，以上两种方法结合使用，防治枸橘跳甲的效果更好。

（二）花椒凤蝶

1. 为害

主要为害花椒、女贞、黄檗等植物。以幼虫取食叶片，造成缺刻或大小不同的孔洞，三龄以后食量大增，可将叶片全部吃光，仅留下叶柄和中脉，苗木、幼树受害较重，影响枝梢正常生长。

2. 生活史与习性

该虫每年在云南省发

3～4代，以蛹附着在枝干及其他比较隐蔽的场所越冬。此虫有世代重叠现象，3～10月可看到成虫、卵、幼虫和蛹。在云南各代成虫出现期分别为4～5

月、6～7月和8～9月。成虫白天活动，飞行力强，吸食花蜜。成虫交尾后，产卵于枝梢嫩叶尖端，卵散产，一处一粒。幼虫孵出后先吃去卵壳，再取食嫩叶；三龄后嫩叶被吃光，老叶片仅留主脉。幼虫受惊后从前胸背面伸出臭腺角，分泌臭液，放出臭气驱敌；老熟后在叶背、枝干等隐蔽处吐丝固定尾部，再吐一条细丝将身体挂在树干上化蛹。天敌有多种寄生蜂，可寄生在幼虫、蛹体上，对控制该虫发生有一定作用。

3. 防治方法

（1）人工防治

秋末冬初及时清除越冬蛹。5～10月人工摘除幼虫和蛹，集中烧毁。

（2）药剂防治

幼虫发生时，喷洒40%毒死蜱乳

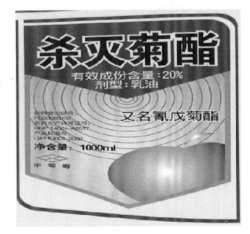

油1000倍液、90％晶体敌百虫1000倍液、20％杀灭菊酯3000倍液、2.5％保得乳油2000倍液或4.5％高保乳油2500倍液。

（3）生物防治

①以菌治虫。用7805杀虫菌或青虫菌（100亿／克）400倍液喷雾，防治幼虫。

②以虫治虫。将寄生蜂寄生的越冬蛹，从花椒枝上剪下来，放置室内，寄生蜂羽化后放回椒园，使其继续寄生，控制凤蝶发生数量。

（三）木榛尺蠖

1. 为害

木榛尺蠖是一种暴食性的杂食性害虫，已记录的寄主植物有150多种。特别是对花椒和核桃为害更为严重，并且在食光木本植物后，还可侵入农田为害果树、豆类等农作物。除为害花椒外，还为害杨、柳、榆、木檫、核桃、桃、李、杏等多种植物。

2. 生活史与习性

该虫在南方每年发生一代，以蛹在花椒树冠下土内、石块下越冬，以距树干1米范围内，深3～5厘米土层中最为集中。第二年4月上中旬椒树发芽前后，成虫羽化出土，由于不

同海拔高度和坡向气温有差异，羽化期长达50多天。雌成虫早期产的卵，卵期长达1个月；后期产的卵，卵期约15天，5月上旬卵开始孵化。幼虫为害盛期在5月中旬至6月上旬。幼虫期30～45天。6月中下旬老熟幼虫陆续入土化蛹，7月底至8月份老熟幼虫全部化蛹越夏、越冬。

成虫多在下午羽化出土，有趋光性。雄成虫出土后先爬到主干、主枝的阴面静伏，雌成虫多潜伏在土表缝隙处，黄昏时大量爬行上树，雄虫于晚间飞翔活动，寻找雌成虫交配。雌成虫将卵产在树皮缝隙中，每头可产卵1500～1800粒，最多可达3000粒，

数十粒到数百粒卵聚成块状，卵块上混杂鳞毛。初孵幼虫喜在叶尖为害，受惊后迅速吐丝下坠，故称"吊丝虫"。幼虫喜光，常在树冠外围的枝条上取食，二龄幼虫行动迟缓，尾足攀缘能力很强，在静止时常直立于小枝或叶片上；幼虫三龄前只取食叶肉，使叶面出现半透明网状斑块。老熟幼虫于8月份坠地，多群集在土壤松软湿润处入土化蛹越冬。

3. 防治方法

（1）人工防治

①结合冬、春季中耕，人工挖蛹并集中处理，降低越冬蛹基数，可减轻该虫的为害程度。

②利用幼虫受惊后迅速吐丝下坠的习性，组织人力，敲击树干，振落幼虫，集中消灭。

③根据雌成虫无翅爬行上树的特点，在成虫羽化出土前，在树干基部距地面10厘米处，绑一条15厘米宽塑料薄

膜带，必须使其与树皮严密紧贴，可先用湿土将树皮缝隙填平，薄膜带的下端埋入土中，并堆成小土堆，拍实。因薄膜表面光滑，使雌成虫不能通过而滑落，然后集中捕杀。

（2）药剂防治

①在卵基本孵化结束，幼虫尚在三龄以前，用40%毒死蜱乳油1000倍液、50%辛硫磷乳油1000倍液、2.5%溴氰菊酯（敌杀死）乳油2500～3000倍液或2.5%保得乳油2000倍液，均匀喷雾。

②结合绑塑料带，在椒树主干基部和周围地面喷洒药液或放置毒土，毒杀成虫和幼虫。在成虫出土期和卵孵化期，每隔7～10天喷施一次50%辛硫磷乳油500倍液或50%甲基辛硫磷乳油500倍液；还可配成200倍毒土撒施。

（四）黄刺蛾

1. 为害

幼虫食叶，低龄啃食叶肉，稍大食成缺刻和孔洞，严重时食成光秆。除为害花椒外，还可为害30余种林木和果树。

2. 生活史与习性

该虫在云南省每年发生1～2代，以老熟幼虫在椒树枝条上结茧越冬。
一代地区在第二
年6月上中旬化
蛹，6月中旬至7
月中旬为成虫发
生期，幼虫发生
期为7月中旬至8

月下旬。二代区在第二年5月上旬化蛹，越冬代成虫于5月
下旬至6月上旬开始羽化，第一代幼虫危害期于6月中旬至
7月中旬，第一代成虫于7月中下旬开始羽化，第二代幼虫
为害盛期在8月上中旬，8月下旬至9月幼虫陆续老熟、结
茧越冬。

成虫羽化时突破茧壳顶部的小圆盖钻出来。成虫有趋
光性，寿命4～7天，白天伏于叶背，夜间出来交尾、产
卵。卵产于叶背，每头雌蛾可产卵50～70粒，数十粒连成
片，也有分散产卵的。卵期7～10天。初孵幼虫群集叶背
取食，一般先吃掉卵壳，再取食叶片，仅留上表皮使叶子
出现圆形筛网状透明小斑，稍大即分散危害。四龄后被害
叶片出现孔洞，五龄后可将整片叶吃光。老熟幼虫吐丝做
茧，茧多位于树枝分杈处。

3. 防治方法

（1）人工防治

结合冬、春修剪，剪去越冬茧，集中烧毁，消灭越冬
幼虫。幼虫孵化初期有群集为害习性，被害叶呈白膜状，
在树下容易发现，可组织人力剪除。

（2）药剂防治

幼虫为害初期，可喷施40%毒死蜱乳油1000倍液、90%晶体敌百虫1000倍液、2.5%溴氰菊酯乳油3000倍液或4.5%高宝乳油2500倍液。

（3）生物防治

①以菌治虫。幼虫为害期，喷施青虫菌或7805杀虫菌（100亿/克）400～500倍液或1.8%阿维菌素乳油1000倍液。

②保护利用天敌。结合修剪，将被寄生蜂寄生的茧挑出来放在纱笼内，翌年春季放回田间，若连续几年，可使越冬茧的寄生率大大提高。

（五）棉蚜

1. 为害

棉蚜以刺吸口器刺入花椒叶背面或嫩枝，吸食汁液，叶片卷缩，开花结实期推迟；中部叶片现出油光，下部叶片枯黄脱落，叶表有蚜虫排泄的蜜露，易诱发霉菌滋生。除为害花椒

外，还为害其他约74科280多种植物。

2. 生活史与习性

棉蚜在我国各地每年发生20～30代，以卵在花椒等寄主枝条上或杂草根部越冬。第二年3月下旬卵孵化后的若蚜称为干母，干母一般在花椒上繁殖2～3代后产生有翅胎生蚜，有翅蚜4～5月飞到蔬菜、杂草或其他寄主上产生后代进行危害，滞留在花椒上的棉蚜到6月上旬以后全部迁飞。8月份有部分有翅蚜从玉米或其他寄主上飞到花椒上，第二次取食为害，此时期正是花椒新梢的再次生长期。一般10月中下旬迁移棉蚜便产生性母，性母产生雌蚜，雌蚜与迁飞来的雄蚜交配后，在花椒枝条皮缝、芽腋、小枝杈、皮刺基部及杂草根部产卵越冬。棉蚜对花椒危害的轻重程度与气候有很大关系。春季气温回升快，繁殖代数增多，为害加重；秋季温暖少雨，不但有利于蚜虫迁飞，也有利于蚜虫取食和繁殖。

3. 防治方法

（1）人工防治

秋末及时清洁椒园，拔除园内、地埂杂草，减少蚜虫部分越冬场所。此外，枝条上越冬卵多时，应及时剪除烧毁。

（2）药剂防治

①4月间于蚜虫发生初期和花椒采收后，用25%唑蚜威乳油1500～2000倍液、24.5%爱福丁3号乳油1500～2000倍液、10%吡虫啉可湿性粉剂800～1000倍液或20%好年冬乳油1000～1500倍液，均匀喷洒。

②花椒萌芽期或果实采收后，用40%毒死蜱乳油、10%吡虫啉可湿性粉剂与柴油分别按1∶50、1∶100倍液，在树干30～50厘米高处涂一条3～5厘米宽的药环，治蚜效果较好。

（3）生物防治

我国利用瓢虫、草青蛉等治蚜已收到很好效果。在椒园中恒定保持瓢虫与蚜虫1∶200左右的比例，便可不用药，利用瓢虫控制蚜虫。

（六）吹绵蚧

1. 为害

雌成虫及若虫为害枝叶，群居于叶背或嫩梢上吸食汁液，致叶片发黄脱落，枝梢枯萎。此外该蚧排泄物还能诱发煤污病，影响光合作用。除为害花椒外，还为害柑橘、苹果、桃及刺槐、马尾松等多种果树、林木。

2. 生活史与习性

吹绵蚧每年发生2～3代，多以若虫越冬，极少数以成虫和卵越冬，翌年4月出蛰活动。第一代成虫发生在5～6月，第二代成虫发生于7～8月，雌虫为雌雄同体，以同一个体内的卵子与精子结合，受精卵发育成为雌雄同体后代，少数未经受精卵结合的发育为雄虫。每头雌虫产卵300～400粒。初孵若虫多群集叶背主脉附近，二龄后迁移分散于枝干阴面处固定为害。雌虫取食后不再移动，雄若虫行动敏捷，经两次蜕皮后，口器退化不再为害。老龄若虫在树皮缝隙中和树干附近草丛中化蛹。成虫喜群集于主枝阴面及枝杈间营造卵囊产卵，不再移动。温暖潮湿的环境条件有利于为害发生。

3. 防治方法

（1）加强检疫检验

对建园苗木进行严格检疫，防止吹绵蚧传播和扩散，一旦发现调运的苗木上有此虫时，应立即进行灭虫处理，或销毁。

（2）人工防治

剪去虫枝、病枝，集中烧毁；结合椒树栽培管理，伐除虫害严重的植株，防止传播。

（3）药剂防治

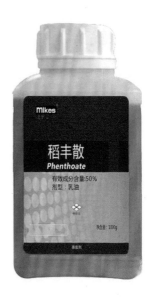

①花椒休眠期，喷洒松碱合剂（松香3、烧碱2、水10，母液比重波美20度以上）8～10倍液或45%晶体石硫合剂100倍液。

②初孵若虫分散转移期，用40%毒死蜱乳油1000倍液、50%稻丰散乳油1000倍液、20%氰戊菊酯（速灭杀丁）乳油3000倍液或4.5%高保乳油2500倍液均匀喷洒。

（4）生物防治

保护和利用澳洲瓢虫、大红瓢虫等天敌，也可人工饲养释放，可有效抑制吹绵蚧的发生。

（七）茶翅蝽

1. 为害

成虫、若虫吸食叶片、嫩梢和果实的汁液，正在生长的果实受害后，形成凸凹不平。除为害花

椒外，还为害各种果树、林木。

2. 生活史与习性

该虫每年发生一代，以成虫在房檐、墙缝、门窗空隙及树洞、草堆等处越冬。翌年4月底至5月上旬陆续从越冬场所出来活动，飞到椒树、果树、林木上为害，并且进行交配。6月份产卵，卵产于寄主叶背，卵期4~10天。若虫于7月上旬开始出现，8月中旬为新一代成虫出现盛期。成虫在中午气温较高、阳光充足时出来活动、交尾，清晨和夜间多静伏。9月下旬成虫陆续越冬。

3. 防治方法

（1）人工防治

利用成虫在草堆、树洞、房檐等处越冬的习性，组织人力捕捉成虫，集中烧毁。

（2）药剂防治

成虫春季从越冬场所出来活动时和7月上旬若虫出现期，及时喷洒40%毒死蜱乳油1000倍液、20%杀灭菊酯乳油3000倍液、5%高效氯氰菊酯乳油1000倍液或10%吡虫啉可湿性粉剂1000倍液。此外，在越冬成虫较多的空房间，也可用敌敌畏熏杀。

（八）花椒窄小吉丁虫

1. 为害

主要以幼虫取食韧皮部，以后逐渐蛀食形成层，老熟后向木质部蛀化蛹孔道，成虫取食椒叶进行补充营养，被

83

害树干大量流胶，直至树皮腐烂、干枯脱落，严重影响营养运输，可导致叶片黄化乃至整个枝条或树冠枯死。

2．生活史与习性

该虫每年发生一代，以幼虫在寄主皮层和木质部的虫道内越冬。第二年春季花椒萌芽时，继续在隧道内活动为害。4月中下旬幼虫开始化蛹，5月上旬到6月下旬为化蛹盛期，6月上旬成虫开始羽化出洞，6月下旬达盛期，成虫羽化后在蛹室停留7～10天后出洞。7月上旬开始交尾产卵，中旬为盛期，7月下旬卵开始孵化，8月上旬为幼虫孵化盛期，初孵幼虫蛀入皮层，蛀食数月，便进入越冬。

成虫有假死习性和趋光习性，喜热，飞行迅速。成虫寿命为20～30天。出洞后先取食椒叶补充营养，以10～11时最为活跃，2～3天后交配产卵，每头雌虫产卵11～65粒。卵多产成块状，以主干30厘米以下的粗糙表皮、小枝条基部等处最多。初孵幼虫常群集于树干表面的凹陷或皮缝内，经5～7天分散蛀入皮层，幼虫在钻蛀过程中，自虫道向皮层外每隔1～3厘米开凿一个月牙形通气孔，不久自通气孔流出褐色胶液，20天左右便形成胶疤。以小龄幼虫在皮层下或大龄幼虫深入木质部3～6毫米处越冬。

3. 防治方法

（1）人工防治

①花椒整形修剪时，应及时清除濒于死亡的椒树及干枯枝条。

②花椒窄吉丁虫危害轻时，及时刮除新鲜胶疤，或击打胶疤，消灭幼虫。

（2）药剂防治

①花椒萌芽期或果实采收后，用40％毒死蜱乳油与柴油（或煤油）按1：50混合，在树干基部30～50厘米高处，涂一条宽3～5厘米的药环，杀死侵入树干内的幼虫。当侵入皮层的幼虫较少时，在收果实后用刀刮去胶疤及一层薄皮，用上述药剂加柴油或煤油1：1涂抹，以触杀幼虫。发生量大时，用上述药剂与煤油或柴油1：150涂抹或40％毒死蜱乳油加水按比例1：3涂抹。

②在成虫出洞高峰期，可用40％毒死蜱乳油1000倍液、90％晶体敌百虫1000～1500倍液或2.5％敌杀死乳油2000倍液，均匀喷洒，消灭成虫。

（九）花椒虎天牛

1. 为害

5月幼虫钻食木质部并将粪便排出虫道。蛀道一般为0.7厘米×1厘米，扁圆形，向上倾斜与树干呈45°角。幼虫共五龄，以老熟幼虫在蛀道内化蛹。6月，受害椒树开始枯萎。

2. 生活史与习性

该虫2年发生1代，少数3年1代，以幼虫、蛹越冬，也有少数以卵越冬，全年均可看到幼虫和蛹。越冬蛹于5月下旬羽化为成虫，成虫取食虫道中的木屑补充营养，6月下旬多因椒树枯死，成虫从被害树干虫道中爬出后，即飞往健树上咬食椒树叶片。成虫晴天活动，降雨前闷热天气最为活跃。成虫于7月中旬在健树主干1米高处交配，然后雌成虫将卵产于树皮裂缝深处，每处1~2粒，每头雌成虫一生可产卵20~30粒。8月上旬至10月中旬卵孵化为幼虫（少数未孵化的卵翌年3月孵化），初龄幼虫蛀入树干皮部越冬。第二年3月越冬幼虫继续蛀食为害，4月间从蛀孔处流出黄褐色黏胶液，形成胶疤。5月份幼虫蛀食木质部，形成不规则孔道，并由透气孔向外排出木屑状粪便，6月间引起椒树枯萎，到第三年6月间幼虫老熟，并开始陆续化蛹。

3. 防治方法

（1）人工防治

①对受害严重且已经失去生产能力的椒树，应及时砍伐烧毁，消灭虫源和越冬场所。对因大风折断的椒树，要及时剖枝，消灭其中的幼虫、蛹及成虫。

②掌握成虫产卵及幼龄虫为害成流胶的特征，组织人力刮除卵块和幼虫，防止幼虫蛀入树干内，组织人力捕杀成虫。

（2）药剂防治

①用棉球蘸80%敌敌畏乳油，塞入洞内后用湿泥封闭，熏杀幼虫，此法简便、易行，效果显著。

②在成虫发生时期内，用40%毒死蜱乳油1000倍液、20%氰戊菊酯（速灭杀丁）3000倍液或2.5%敌杀死乳油2000倍液，均匀喷洒毒杀成虫。

（十）山楂红蜘蛛

1. 为害

成、若、幼螨刺吸芽、果的汁液，叶受害初呈现很多失绿小斑点，渐扩大连片。严重时全叶苍白枯焦早落，常造成二次发芽开花，削弱树势，不仅当年果实不能成熟，还影响花芽形成和下年的产量。除为害花椒外，还为害苹果、梨、桃、杏等多种果树、林木。

2. 生活史与习性

山楂红蜘蛛每年发生5～13代。冬型雌螨集中在枝干翘皮下、树杈夹缝等处的粗皮缝内及贴近主干基部的土缝里群集越冬，第二年于花芽开放时从越冬场所出来为害幼芽，展叶后转至叶背为害。取食后7～8天开始产卵，第一代卵孵化期集中在落花后7～10天，第一代成螨发生盛期在6月中下旬。此后，各世代重叠发生，繁殖量增大，到7月份受害的树叶开始焦枯，8月下旬相继落叶，9月中旬开始产生越冬型雌成螨，10月中旬大部分潜伏越冬。成、若螨喜欢在叶背群集为害，有吐丝结网习性，可借丝随风传播，并在网上产卵，多集中叶背主脉两侧，每头雌螨可产卵20～80粒。一般夏季高温干旱条件繁殖快，为害重；进入雨季湿度大，加之天敌数量大，叶螨发生量显著减少，危害轻。叶螨天敌有捕食螨、食螨瓢虫等数十种，对叶螨有一定控制作用。

3. 防治方法

（1）人工防治

发芽前仔细刮除粗皮、翘皮，集中烧毁，以杀死越冬雌成虫。

（2）药剂防治

①椒树发芽前喷洒一次45%晶体石硫合剂80～100倍液；

发芽后至开花前防治山楂红蜘蛛，可喷45％晶体石硫合剂150倍液、20％螨死净悬浮剂2000倍液、25％尼素螨醇乳油1500倍液或20％灭扫利乳油2000倍液，喷洒要均匀、全面。

②叶螨发生代数多，繁殖力强，在整个生长季节里，如发现有些树叶螨开始增加时，特别是树的内膛和树的顶部，要立即加以防治。可喷洒20％螨死净悬浮剂2000倍液、15％扫螨净乳油3000倍液、25％尼素螨醇乳油800～1000倍液或45％晶体石硫合剂150倍液。

③8月底至9月初喷洒一次45％晶体石硫合剂150倍液，可减少山楂红蜘蛛越冬量。

（3）保护利用天敌

叶螨的天敌种类很多，对控制叶螨繁殖为害起到很大作用。根据一般天敌多在落花后开始活动的习性，可加强叶螨的早期防治，避免杀伤大量天敌。对杀伤力强、残效期长的药剂尽量少用或不用，减少树上喷药次数等方法，以减少对天敌产生药害，起到保护作用。

第七篇 花椒采收

一、花椒的成熟期与采收

花椒质量的优劣主要在三个方面（品种好坏除外）：成色、晒色和保色。

（一）花椒的成熟期

花椒多数在秋后至处暑成熟，花椒的品种好几种，成熟不一，有的偏早，采收延误会和其他品种混合在一起，没有优劣之分，影响花椒的成色度，如外界气候条件不同，地势阴阳不同。坡、平地不同，对花椒的先后成熟都有影响。

成色度，是确定花椒质量的标准，那什么又是成色呢？据观察，成色简单讲就是花椒生下时的颜色（即花椒成熟后的本色），它有优劣之分，而造成劣色主要有三方面的原因。①品种不同：如大红袍色红，而枸椒子次之。②成熟期干旱缺雨，又无法灌溉，加上树枝密度小，花椒有焦油出现，搞下来花椒就呈灰红色。③修剪不合理，枝过于稠密，树下晒不着太阳，颜色不佳，摘花椒时株上株底同时摘取，同时晾晒而造成色劣。花椒的成色度：指花椒成熟后的色泽程度。由于以上原因，采摘前要注意观察（特别是人数过多时），看清株体的成色程度、及时采摘。

（二）采收

采收是花椒成熟后的第二环节，不可忽视，在采摘过程中，保持成色不变是基本环节中的关键所在。

采摘的方法：手摘、剪刀剪、机器采摘、落果素，目前在农村应用最广的是手摘，手摘灵活，随便节约，带叶量少，对椒树没有损伤。有的利用剪刀，操作不方便，有的连枝带叶剪下来，大部分连椒的背芽也剪下来，它的缺点在一方面灵活受到限制，速度慢，对椒体损伤大，带枝带叶芽严重，对下年结果有影响。对于机械化，缺陷更多，乔子玄乡张庄村有两家买到两台机器，一向没人用。问题是虽然速度比手摘快，但带枝带叶严重，再一点是花椒树千姿百态，利用机器操作烦琐，不灵活。随着科学技术的发展，剪椒机进一步改造，利用电脑控制，既能提高速度，又能对花椒树减少损失，相信在不远的将来，会有更新更先进的方法。

采摘花椒前，先听天气预报，连阴雨天不能采摘，有露水不能多摘，没有好天气采摘的花椒成色易变。采摘时应选晴天，对于人员过多时要特别注意。采摘时一般用竹笼，用铁

丝扭个钩，可挂在树枝上，对树既有压枝的作用，又便于采摘，采摘下的鲜椒要轻放，不能乱扔。摘时尽量一手扶枝，一手顺及椒抓柄顺枝下梢扳动，这样不伤损芽体。采摘时不能五指齐上，抓主果粒组、硬拽椒突泡易破，一放水影响原成色。严重时变灰黑色，再晒也晒不好。

二、果实的晾晒

花椒果实的晾晒，主要决定花椒的晒色，晒色指花椒干好后的颜色。花椒在采收后晾晒、加温、籽皮分离处理后的颜色。晒色的好坏，主要决定于籽皮的分离时间和方法，花椒采收后应放置一夜，第二天在土场上或筛上进行晾晒。水泥地板、石板上不能晾晒，由于温度上升快，椒色易变。晾晒的具体操作过程：把椒均匀的置于筛上或土场上，椒爪

不能互相压挤（晒得很薄），当全部张开时，用不超过一厘米直径的木条或笤帚轻打，使其籽全部脱落（或装在袋内，抓住口捧打也可），能取出的椒皮全部取出，放置一边再晒，余下的籽、皮混椒可用簸箕分离，一般湿放，果实含籽量不超过8%左右，椒皮内含有一定的水分，第二天接着再晒再分离。当把椒用手轻揪皮与柄分离就完全干好，再分离，这是含籽量为0或1%以下。然后注意保色，

　　一般用塑料袋子贮藏封口，椒不易变色，放在干燥处，长时保持晒色，受群众欢迎。

　　人工分离花椒籽、柄极复杂，费力且加工净皮有限，可用花椒清选机，效果良好。

　　花椒晾晒变色的原因：①温度光照不够（如晒椒时前半天晴、后半天阴或连阴雨天）；②分离过早，有大部分还没张开，就用木棍打，使其椒果实泡破裂所染；③放置方法不当，潮湿所致；④保色用具不佳；⑤花椒还没有完全干。

参考文献

［1］李泽珠，杨成甫，李开勇．花椒栽培管理技术［J］．绿色科技，2012（02）．

［2］刘玲，刘淑明，孙丙寅．不同产地花椒幼苗光合特性研究［J］．西北农业学报，2009（03）．

［3］原双进．花椒良种选育及丰产栽培技术研究［D］．西北农林科技大学，2007．

［4］王贵华，吴银明，李远潭．花椒的药用价值及栽培技术［J］．四川农业科技，2010（09）．

［5］彭永波，兰家钦，黄蕙．花椒晚秋播育苗技术［J］．中国林业，2006（05）．

［6］杨跃星．花椒丰产栽培技术［J］．广西园艺，2007（04）．

［7］赵琼芬，赵琼惠．花椒育苗及培育技术［J］．中国林业，2007（18）．

［8］秦桂林，王谦．花椒栽培技术［J］．农家科技，2000（09）．

［9］王振功，张保福，羽鹏芳．花椒主要病虫害防治技术［J］．陕西林业，2004（02）．